BERICHTE ÜBER DIE VERHANDLUNGEN DER SÄCHSISCHEN
AKADEMIE DER WISSENSCHAFTEN ZU LEIPZIG

Mathematisch-naturwissenschaftliche Klasse

Band 97 · Heft 2

ERNST HÖLDER

ÜBER DIE VARIATIONSPRINZIPE DER MECHANIK DER KONTINUA

1950

AKADEMIE-VERLAG · BERLIN

BERICHTE ÜBER DIE VERHANDLUNGEN DER SÄCHSISCHEN
AKADEMIE DER WISSENSCHAFTEN ZU LEIPZIG

Mathematisch-naturwissenschaftliche Klasse
Band 97 · Heft 2

ERNST HÖLDER

ÜBER DIE VARIATIONSPRINZIPE DER MECHANIK DER KONTINUA

1950

AKADEMIE-VERLAG · BERLIN

Erschienen im Akademie-Verlag GmbH., Berlin NW 7, Schiffbauerdamm 19

Lizenz-Nr. 156 · 4708/49 - 5497/49

Satz und Druck der Buchdruckwerkstätte Gutenberg GmbH

Zweigniederlassung Leipzig · M 316 · Auftrags-Nr. 2289

Bestell- und Verlagsnummer: 2027/97/2

Preis: DM 2,75

Das Hamilton'sche Prinzip kann auch als Variationsproblem (bei festgehaltenen Randwerten) für die Lagrange'schen Teilchennummern als (Extremal-)Funktionen der Euler'schen Ortskoordinaten und der Zeit formuliert werden. Diese Auffassung ist geeignet, zu einem Variationsprinzip für die stationäre Strömung eines Gases im Raum zu führen: eine Verallgemeinerung eines von CLEBSCH[1]) für die stationäre Strömung einer inkompressiblen Flüssigkeit angegebenen Variationsprinzips.

Für den ebenen und den rotationssymmetrischen Fall habe ich das entsprechende Variationsprinzip auf der DMV-Tagung in Jena 1941 bzw. in Bd. 1, S. 449—450, der Meteorologischen Rundschau 1948 mitgeteilt. Man kommt in diesen Spezialfällen mit nur einer Stromfunktion aus. Der Fall der ebenen Strömung z. B. ergibt sich, wenn im folgenden überall $\chi = x^3$ gesetzt wird. Über den in dieser Note behandelten allgemeinen Fall der stationären räumlichen Strömung habe ich auf der Tagung der Ges. f. angew. Math. u. Mech. in Göttingen (Sept. 1948) berichtet.

1. Wir suchen die Lagrange'schen Koordinaten b^i, also die Nummern der Teilchen des Mediums im Normal- oder Ausgangszustand, als Funktionen der Euler'schen Variablen x^β und der Zeit t:

$$(1.1) \qquad b^i = b^i(x^\beta, t) \qquad i, \beta = 1, 2, 3 \qquad t = x^0$$

$$(1.2) \qquad \frac{\partial b^i}{\partial x^\beta} = p^i_\beta \qquad \frac{\partial b^i}{\partial t} = \frac{\partial b^i}{\partial x^0} = p^i_0 .$$

[1]) A. CLEBSCH, Über eine allgemeine Transformation der hydrodynamischen Gleichungen, Journ. f. reine u. angew. Math., **54** (1857), S. 293—312. — Einen anderen Weg verfolgt die spätere Arbeit von CLEBSCH, ebenda **56** (1859), an die H. BATEMANN, Proc. Roy. Soc. A, **125** (1929), S. 598—618 anknüpft.

x^β sind die rechtwinkligen Koordinaten in einem ev. bewegten „terrestrischen“ Achsenkreuz, dessen Winkelgeschwindigkeit (ω_{23}, ω_{31}, ω_{12}) sei, $\omega_{\alpha\beta} = -\omega_{\beta\alpha}$.

Die (relativen) Geschwindigkeitskomponenten u^β genügen den linearen Gleichungen

$$\frac{\partial b^i}{\partial x^\beta} u^\beta + \frac{\partial b^i}{\partial t} = 0 \tag{1.3}$$

d. h.
$$p^i_\beta u^\beta = -p^i_0 .$$

Mit der Determinante

$$\Delta = \det(p^i_\beta) = \det\left(\frac{\partial b^i}{\partial x^\beta}\right) = \frac{1}{D} = \frac{\rho}{\rho_0} \tag{1.4}$$

und den reziproken Elementen

$$a^\alpha_i = \frac{\partial x^\alpha}{\partial b^i} = \frac{1}{\Delta}\frac{\partial \Delta}{\partial p^i_\alpha} \quad \text{mit} \quad a^\alpha_i p^i_\beta = \delta^\alpha_\beta = \begin{cases} 0, & \alpha \neq \beta \\ 1, & \alpha = \beta \end{cases} \tag{1.5}$$

ergibt sich die Auflösung

$$u^\gamma = -a^\gamma_i p^i_0 . \tag{1.6}$$

Man führt noch die innere Energie pro Volumeneinheit

(1.7) $\rho u = W' = \Omega(p^i_\beta, b^i, s)$, die Dichte $\rho = \rho_0(b^i) \cdot \det(p^i_\beta)$

und die Entropie s pro Masseneinheit ein, die bei der als adiabatisch vorausgesetzten Bewegung des Mediums längs jeder Bahnlinie einen (abteilungsweise) konstanten Parameter $s(b^i)$ darstellt, und fordert bei festgehaltenen Randwerten das Hamilton'sche Prinzip

$$\begin{aligned} 0 &= \delta\int dt \iiint dx^1\, dx^2\, dx^3 \left[\tfrac{1}{2}\rho u_\gamma u^\gamma + \rho\omega_{\delta\gamma} x^\delta u^\gamma - \Omega - \rho \mathfrak{U}\right] \\ &= \delta\iint F(t, x^\beta;\, b^i, p^i_\beta)\, dx\, dt; \end{aligned} \tag{1.8}$$

(1.9) $\mathfrak{U}(x^\beta, t)$ potentielle Energie des Außenfeldes der Schwerkraft pro Masseneinheit.

Das Scheringsche Potential $\omega_{\alpha\beta} x^\alpha u^\beta$ der Coriolisbeschleunigung benutzt in diesem Zusammenhang ERTEL[2]).

---

[2]) H. ERTEL, Das Variationsprinzip der atmosphärischen Dynamik, S.-B. preuß. Akad. Wiss. 1933, S. 461, auch Methoden und Probleme der dynamischen Meteorologie, Ergebnisse der Mathematik, Berlin 1938, S. 41—44. An diesen Stellen — Abh. preuß. Akad. Wiss. 1939, Nr. 7 kommt in diesem Zusammenhang nicht in Betracht — findet sich aber das richtige Hamiltonsche Prinzip nicht formuliert.

2. Um zu zeigen, daß die Lagrange'schen Gleichungen dieses Variationsproblems die Bewegungsgleichungen des Kontinuums sind, berechnen wir mit $F_{p^j_\beta} = \pi^\beta_j$ den „Energie-Impulstensor“

$$(2.1)\qquad (\mathfrak{U}^\gamma_\mu) = \begin{pmatrix} F - p^j_0 \pi^0_j & -p^j_0 \pi^\beta_j \\ -p^j_\alpha \pi^0_j & F\delta^\beta_\alpha - p^j_\alpha \pi^\beta_j \end{pmatrix} = \begin{pmatrix} U^0_0 & U^\beta_0 \\ U^0_\alpha & U^\beta_\alpha \end{pmatrix}.$$

Aus (1. 6) folgt wegen

$$(2.2)\qquad a^\alpha_j \, dp^j_\beta = -p^j_\beta \, da^\alpha_j \qquad\qquad da^\alpha_i = -a^\alpha_j a^\beta_i \, dp^j_\beta$$

$$(2.3)\qquad \frac{\partial u^\gamma}{\partial p^j_\beta} = -a^\gamma_j u^\beta .$$

Mit der Abkürzung $u'_\gamma = u_\gamma + \omega_{\delta\gamma} x^\delta$ wird

$$(2.4)\qquad \pi^\beta_j = \rho u'_\gamma \frac{\partial u^\gamma}{\partial p^j_\beta}$$

$$+\left[\frac{1}{2}(u_\gamma u^\gamma) + \omega_{\delta\gamma} x^\delta u^\gamma\right] \rho_0 \cdot \Delta a^\beta_j - \Omega_{p^j_\beta} - \rho_0 \Delta a^\beta_j \cdot \mathfrak{U}$$

$$= -\rho a^\gamma_j u'_\gamma u^\beta + \rho a^\beta_j \left(\frac{1}{2} u_\gamma + \omega_{\delta\gamma} x^\delta\right) u^\gamma - \Omega_{p^j_\beta} - \rho a^\beta_j \mathfrak{U}.$$

Mit
$$DW' = W$$
folgt für den Lagrange'schen Spannungstensor [3])

$$(2.5)\qquad W^j_\alpha = \frac{\partial W}{\partial a^\alpha_j} = D p^j_\alpha \Omega + D\, \Omega_{p^i_\gamma} \frac{\partial p^i_\gamma}{\partial a^\alpha_j}$$

und wegen (2. 2), mit p^i_α gefaltet $dp^i_\beta = -p^j_\beta p^i_\alpha da^\alpha_j$,

$$(2.6)\qquad \frac{\partial p^i_\gamma}{\partial a^\alpha_j} = -p^j_\gamma p^i_\alpha$$

für den Euler'schen Spannungstensor [3])

$$(2.7)\qquad W'^\beta_\alpha = \frac{1}{D} a^\beta_j W^j_\alpha = \Omega\,\delta^\beta_\alpha - p^i_\alpha \Omega_{p^i_\beta} .$$

Insgesamt ergibt sich also

---

[3]) Vgl. G. Herglotz, Gött. Vorl. über Mechanik der Kontinua.

(2. 8) $$U^\beta_\alpha = F\delta^\beta_\alpha - p^j_\alpha \pi^\beta_j = [\tfrac{1}{2} \rho u_\gamma u^\gamma - \Omega - \rho \mathfrak{U}]\,\delta^\beta_\alpha$$
$$-\{-\rho\delta^\gamma_\alpha u'_\gamma \cdot u^\beta + \tfrac{1}{2}\rho\,\delta^\beta_\alpha(u_\gamma u^\gamma) + W'^\beta_\alpha - \Omega\delta^\beta_\alpha - \rho\,\delta^\beta_\alpha\mathfrak{U}\}$$
$$= \rho u_\alpha u^\beta + \rho\omega_{\delta\alpha}x^\delta u^\beta - W'^\beta_\alpha .$$

Außerdem ist

(2. 9) $$\pi^0_j = F_{p^j_0} = \rho u'_\gamma \frac{\partial u^\gamma}{\partial p^j_0} = -\rho u'_\gamma a^\gamma_j$$

(2. 10) $$U^0_0 = F - p^j_0\pi^0_j = \tfrac{1}{2}\rho u_\gamma u^\gamma + \rho\omega_{\delta\gamma}x^\delta u^\gamma - \Omega - \rho\mathfrak{U} - \rho u'_\gamma u^\gamma$$
$$= -(\tfrac{1}{2} u_\gamma u^\gamma + \mathfrak{u} + \mathfrak{U})\,\rho$$

und

(2. 11) $$U^0_\alpha = -p^j_\alpha\pi^0_j = \rho u'_\gamma\delta^\gamma_\alpha = \rho u_\alpha + \rho\omega_{\delta\alpha}x^\delta .$$

Wegen (2. 7) ist

(2. 12) $$\Omega_{p^j_\beta} = W' a^\beta_j - W'^\beta_\alpha a^\alpha_j$$

sowie

(2. 13) $$p^j_0\,\Omega_{p^j_\beta} = -W' u^\beta + W'^\beta_\alpha u^\alpha .$$

Daher hat man noch die weiteren Komponenten $U^\beta_0 = -p^j_0\pi^\beta_j$

(2. 15) $$= -\rho u^\gamma u'_\gamma u^\beta + \rho u^\beta(\tfrac{1}{2}u_\gamma + \omega_{\delta\gamma}x^\delta)\,u^\gamma - W'u^\beta + W'^\beta_\alpha u^\alpha - \rho u^\beta\cdot\mathfrak{U}$$
$$= -\{\tfrac{1}{2}(u_\gamma u^\gamma)\,\rho u^\beta + W'u^\beta - W'^\beta_\alpha u^\alpha + \rho\mathfrak{U}u^\beta\}.$$

3. Für die so berechneten Energie-Impulskomponenten gilt die Identität

(3. 1) $$\frac{dU^\nu_\mu}{dx^\nu} = \frac{dF}{dx^\mu} - p^j_\mu\frac{d\pi^\nu_j}{dx^\nu} - \frac{\partial p^j_\mu}{\partial x^\nu}\pi^\nu_j \qquad (\mu, \nu = 0, 1, 2, 3)$$
$$= F_{x^\mu} + p^j_\mu\left(F_{b^j} - \frac{d\pi^\nu_j}{dx^\nu}\right) + F_{p^j_\nu}\frac{\partial p^j_\nu}{\partial x^\mu} - \frac{\partial p^j_\mu}{\partial x^\nu}\pi^\nu_j$$

also

(3. 2) $$\frac{dU^\nu_\mu}{dx^\nu} - F_{x^\mu} = p^j_\mu\left(F_{b^j} - \frac{d\pi^\nu_j}{dx^\nu}\right).$$

Der stationäre Charakter des Extremalintegrals (1. 8) hat das Bestehen der drei Euler-Lagrange'schen Gleichungen

(3. 3) $$\frac{d\pi^\nu_j}{dx^\nu} - F_{b^j} = 0 \qquad (j = 1, 2, 3)$$

zur Folge und diese wiederum das Erfülltsein der vier Erhaltungssätze

$$\frac{d U_\mu^\nu}{d x^\nu} - F_{x^\mu} = 0 \qquad (\mu = 0, 1, 2, 3). \tag{3.4}$$

Schon das Erfülltsein der drei ersten dieser Erhaltungssätze (3. 4) $\mu = 1, 2, 3$ zieht wegen $\det(p_\alpha^j) \neq 0$ das der Gleichungen (3. 3), $j = 1, 2, 3$ nach sich, somit auch den Erhaltungssatz (3. 4) für $\mu = 0$.

Für uns ist folgende Feststellung von Wichtigkeit: Wir werden für das angegebene Variationsproblem (1. 8) mit der Grundfunktion F feststellen, daß die zugehörigen drei ersten Erhaltungssätze (3. 4), $\mu = 1, 2, 3$ gleichwertig mit den drei Euler'schen Impulsgleichungen der Hydrodynamik sind. Unser Variationsproblem gibt also den richtigen Ablauf der Strömung des Mediums, für den außerdem von selbst

$$\frac{d U_0^\nu}{d x^\nu} = F_{x^0} \tag{3.5}$$

gilt.

Zum Nachweis unserer Behauptung bestätigen wir zuerst die Kontinuitätsgleichung

$$\frac{\partial \rho}{\partial t} + \frac{\partial \rho u^\beta}{\partial x^\beta} = \frac{\partial \rho_0 \Delta}{\partial x^0} - \frac{\partial \rho_0 \Delta a_i^\beta p_0^i}{\partial x^\beta} \tag{3.6}$$

$$= \Delta\left(\frac{\partial \rho_0}{\partial x^0} + u^\beta \frac{\partial \rho_0}{\partial x^\beta}\right) + \rho_0\left(\frac{\partial \Delta}{\partial x^0} - \frac{\partial \Delta p_0^i \cdot a_i^\beta}{\partial x^\beta}\right)$$

$$= \Delta \frac{\partial \rho_0}{\partial b^i}\left(\frac{\partial b^i}{\partial t} + u^\beta \frac{\partial b^i}{\partial x^\beta}\right) + \rho_0\left(\Delta a_i^\beta \frac{\partial p_\beta^i}{\partial x^0} - \Delta a_i^\beta \frac{\partial p_0^i}{\partial x^\beta} - p_0^i \frac{\partial \Delta a_i^\beta}{\partial x^\beta}\right) = 0$$

mit Rücksicht auf das Verschwinden der Divergenz der zur Zeile p_β^i $(\beta = 1, 2, 3)$ gehörigen Unterdeterminanten der Funktionalmatrix:

$$\frac{\partial \Delta a_i^\beta}{\partial x^\beta} = 0 \qquad (i = 1, 2, 3). \tag{3.7}$$

Nunmehr wird für $\alpha = 1, 2, 3$

$$(3.8)\quad \frac{dU_\alpha^\nu}{dx^\nu} - F_{x^\alpha} = \frac{d\rho u'_\alpha}{dx^0} + \frac{d}{dx^\beta}(\rho u'_\alpha u^\beta - W'^\beta_\alpha) + \rho \frac{\partial \mathfrak{U}}{\partial x^\alpha} - \rho\omega_{\alpha\gamma} u^\gamma$$

$$= \left(\frac{\partial\rho}{\partial t} + \frac{\partial \rho u^\beta}{\partial x^\beta}\right) u'_\alpha + \rho\left(\frac{\partial u_\alpha}{\partial t} + u^\beta \frac{\partial u_\alpha}{\partial x^\beta}\right) - \frac{dW'^\beta_\alpha}{dx^\beta} + \rho \frac{\partial \mathfrak{U}}{\partial x^\alpha}\,.$$

$$+ 2\rho u^\beta \omega_{\beta\alpha}$$

Somit

$$(3.9)\quad \frac{dU_\alpha^\nu}{dx^\nu} - F_{x^\alpha} = \rho\left(\frac{du_\alpha}{dt} + 2\rho\omega_{\beta\alpha} u^\beta - \frac{1}{\rho}\frac{dW'^\beta_\alpha}{dx^\beta} - X_\alpha\right)$$

wenn die Kraft $X_\alpha = -\dfrac{\partial \mathfrak{U}}{\partial x^\alpha}$ pro Masseneinheit eingeführt wird.

Damit ist gezeigt, daß das Hamilton'sche Prinzip in der angegebenen Form von CLEBSCH zu den richtigen Euler'schen Gleichungen eines allgemein gelassenen Mediums führt. Als Folge ergibt sich noch

$$(3.10)\quad -\frac{\partial}{\partial t}((\tfrac{1}{2}u_\gamma u^\gamma + \mathfrak{u} + \mathfrak{U})\rho)$$

$$-\frac{\partial}{\partial x^\beta}(\tfrac{1}{2}u_\gamma u^\gamma \cdot \rho u^\beta + W' u^\beta - W'^\beta_\alpha u^\alpha + \rho\mathfrak{U} u^\beta) + \rho\frac{\partial \mathfrak{U}}{\partial t} = 0$$

oder

$$(3.11)\quad \frac{\partial}{\partial t}((\tfrac{1}{2}u_\gamma u^\gamma + \mathfrak{u})\rho) + \frac{\partial}{\partial x^\beta}(\tfrac{1}{2}u_\gamma u^\gamma \cdot \rho u^\beta + W' u^\beta - W'^\beta_\alpha u^\alpha)$$

$$= -\rho u^\beta \frac{\partial \mathfrak{U}}{\partial x^\beta}\,.$$

4. Die weiteren Betrachtungen stellen wir für ein Gas an. Für ein solches ist (1. 7)

$$(4.1)\quad W' = \Omega(p^j_\beta, b^j, s) = f(\rho, s, b^j)$$

eine Funktion der Dichte $\rho = \rho_0 \cdot \Delta$ und der Entropie s pro Masseneinheit. Hier ist der Euler'sche Spannungstensor (2. 7)

$$(4.2)\quad W'^\beta_\alpha = f\,\delta^\beta_\alpha - p^j_\alpha f_\varrho \cdot \rho_0 \frac{\partial \Delta}{\partial p^j_\beta} = (f - \rho f_\varrho)\,\delta^\beta_\alpha = -\mathfrak{p}\,\delta^\beta_\alpha,$$

wenn wir den Druck

(4. 3) $$\mathfrak{p} = -f + \rho f_\varrho$$

einführen. Nachher brauchen wir die Legrende-Transformation

(4. 4) $$i = f_\varrho \qquad g = -f + \rho i = g(i, s; b^j),$$

die das Mollier-Diagramm für den Druck

(4. 5) $$\mathfrak{p} = g(i, s; b^j)$$

als Funktion von Entropie s und Wärmeinhalt i

(4. 6) $$i = f_\varrho = \frac{\mathfrak{p} + f}{\rho} = \mathfrak{u} + \frac{\mathfrak{p}}{\rho}$$

liefert. Jetzt ist $\rho = g_i$ und

(4. 7) $$U_0^0 = -(\tfrac{1}{2} u_\gamma u^\gamma + \mathfrak{u} + \mathfrak{U})\rho.\ U_0^\beta = -(\tfrac{1}{2} u_\gamma u^\gamma + i + \mathfrak{U}) \cdot \rho u^\beta.$$

5. Variationsproblem der stationären Gasströmung. Wir betrachten jetzt den Fall, daß das Kraftfeld $\mathfrak{U}$ nicht von der Zeit t abhängt, also auch $F_{x^0} = 0$ ist. Demgemäß soll es sich auch um eine stationäre Strömung des Gases handeln. Dann stellt sich der nullte Erhaltungssatz (der Energiesatz) in der Form der Bernoulli'schen Gleichung dar

(5. 1) $$\frac{\partial}{\partial x^\beta}[(\tfrac{1}{2} u_\gamma u^\gamma + i + \mathfrak{U})\rho u^\beta] = 0$$

oder wegen der Kontinuitätsgleichung (3.6)

(5. 2) $$\frac{\partial \rho u^\beta}{\partial x^\beta} = 0$$

auch

(5. 3) $$u^\beta \frac{\partial}{\partial x^\beta}(\tfrac{1}{2} u_\gamma u^\gamma + i + \mathfrak{U}) = 0.$$

D. h., es ist

(5. 4) $$\tfrac{1}{2} u_\gamma u^\gamma + i + \mathfrak{U} = h_0,$$

eine Konstante längs jeder Stromlinie; beim Übergang zu einer anderen Stromlinie kann die Konstante ihren Wert ändern. Wir schreiben auch

(5. 5) $$\tfrac{1}{2} u_\gamma u^\gamma + i = i_0 \equiv h_0 - \mathfrak{U}(x^\alpha).$$

Wir betrachten jetzt genauer die stationäre Strömung des Gases, deren Geschwindigkeitskomponenten im Unendlichen

$$(U_\infty^\alpha) = (U_\infty, 0, 0) \tag{5.6}$$

sind, also eine Anströmung in Richtung der x^1-Achse.

Es zeigt sich nun: im stationären Regime fällt von den rechtwinkligen Anfangskoordinaten b^l die Unbekannte b^1, die dann auch in $g(i, s, b^2, b^3)$ und $f(\rho, s, b^2, b^3)$ nicht explizit eingeht, ganz heraus. Es bleiben nur die beiden transversalen asymptotischen Lagrange'schen Parameter $b^{l'} = (b^2, b^3)$ als unbekannte Funktionen der Euler'schen Ortsvariablen: $b^2(x^\alpha)$, $b^3(x^\alpha)$.

Bei der stationären Strömung sind die Stromlinien die Bahnlinien einer eingliedrigen Gruppe von Transformationen. Wenn das Teilchen, das zur Zeit t den Ort (x^α) durchläuft, zur Zeit $-T$ die Koordinaten (b^j) hatte, und das weitere zur Zeit $-T$ in $\overline{b^j}$ befindliche Teilchen zur Zeit $-T + \Delta t$ die Stelle (b^j) einnimmt, so nimmt das letzte Teilchen $(\overline{b^j})$ den Ort (x^α) auch zu der genau um dasselbe Intervall Δt späteren Zeit $t + \Delta t$ ein:

$$p_0^j = \frac{\partial b^j}{\partial t}\Big|_{x^\gamma} = \lim_{\Delta t \to 0} \frac{\overline{b^j} - b^j}{\Delta t} \to -U_\infty^j \quad \text{für } -T \to -\infty . \tag{5.7}$$

6. Schreiben wir für den Normalzustand jetzt statt der Marke 0 die Marke ∞, so wird wegen (1.5), (1.4) die Gleichung [1.6]

$$\frac{\rho}{\rho_\infty} u^\gamma = U_\infty \frac{\partial(b^2, b^3)}{\partial(x^\alpha, x^\beta)} \qquad (\alpha\ \beta\ \gamma \sim 1\ 2\ 3). \tag{6.1}$$

Führen wir die beiden „Stromfunktionen"

$$\rho_\infty U_\infty b^2 = \psi(x^\alpha), \qquad b^3 = \chi(x^\alpha) \tag{6.2}$$

ein, so legen ψ, χ die einzelnen Stromlinien fest, es ist

$$h_0 = h_0(\psi, \chi), \quad s = s(\psi, \chi), \quad \rho_\infty = \rho_\infty(\psi, \chi) \tag{6.3}$$

$$i_0 = h_0(\psi, \chi) - \mathfrak{U}(x^\alpha) = i_0(\psi, \chi; x^\alpha). \tag{6.4}$$

Es werden die Ausdrücke für den Vektor der Stromdichte

$$(6.5)\qquad \begin{aligned} \rho u^1 &= \frac{\partial\psi}{\partial x^2}\frac{\partial\chi}{\partial x^3} - \frac{\partial\psi}{\partial x^3}\frac{\partial\chi}{\partial x^2} \\ \rho u^2 &= \frac{\partial\psi}{\partial x^3}\frac{\partial\chi}{\partial x^1} - \frac{\partial\psi}{\partial x^1}\frac{\partial\chi}{\partial x^3} \\ \rho u^3 &= \frac{\partial\psi}{\partial x^1}\frac{\partial\chi}{\partial x^2} - \frac{\partial\psi}{\partial x^2}\frac{\partial\chi}{\partial x^1}\,. \end{aligned}$$

Diese Ausdrücke genügen identisch der Kontinuitätsgleichung (5. 2).

In (6. 5) ist die Dichte $\rho = g_i$ vermöge der Bernoulli'schen Gleichung (5. 5) als Funktion der u^α, die nur in der Verbindung $u_\gamma u^\gamma = \omega^2$ eingehen, sowie von s, i_0 auszudrücken. Dann sind die Gleichungen (6. 5) nach u^1, u^2, u^3 aufzulösen: u^α als Funktionen von $\frac{\delta\psi}{\delta x^1}, \ldots, \frac{\delta\chi}{\delta x^3}$ darzustellen.

Es ist nach (4. 5) der negative Druck

$$(6.6)\qquad -\mathfrak{p} = -g\,(i_0 - \tfrac{1}{2} u_\gamma u^\gamma,\ s,\ b^{j'}) = G\,(u^\alpha;\ s,\ i_0,\ b^{j'})$$

mit $j' = 1{,}2$ und den Ableitungen

$$(6.7)\qquad G_{u^\alpha} = +\,g_i\,u_\alpha = \rho\,u_\alpha$$

$$(6.8)\qquad G_{u^\alpha, u^\beta} = \rho\,\delta_{\alpha\beta} - g_{ii}\,u_\beta\,u_\alpha = \rho\Big(\delta_{\alpha\beta} - \frac{g_{ii}}{g_i}\,u_\alpha u_\beta\Big) = \rho\Big(\delta_{\alpha\beta} - \frac{u_\alpha u_\beta}{a^2}\Big)$$

wo

$$(6.9)\qquad \frac{1}{a^2} = \frac{g_{ii}}{g_i} = \frac{\rho_i}{\rho} = \frac{\rho_i}{g_i} = \frac{d\rho}{d\mathfrak{p}}\Big|_s\,,$$ a Schallgeschwindigkeit, ist.

Die Funktionaldeterminante

$$(6.10)\qquad \frac{\partial(\rho u^\alpha)}{\partial(u^\beta)} = \det\,(G_{u^\alpha u^\beta}) = \rho^3\Big(1 - \frac{u_\gamma u^\gamma}{a^2}\Big)$$

ist von Null verschieden anzunehmen, dann kann man (6. 5) nach u^α auflösen.

7. Wir nehmen nun

$$(7.1)\qquad \begin{aligned} \bar{F} &= -G + u^\gamma G_{u^\gamma} + \rho\,\omega_{\delta\gamma}\,x^\delta u^\gamma = \mathfrak{p} + \rho\,u_\gamma u^\gamma + \rho\,\omega_{\delta\gamma}\,x^\delta u^\gamma \\ &= F + \rho\,h_0 = \bar{F}\,(p^{l'}_\beta,\ \psi^{l'},\ x^\alpha), \quad p^{l'}_\beta = \frac{\partial\psi^{l'}}{\partial x^\beta}, \quad (\psi^{l'}) = (\psi,\chi)\,, \end{aligned}$$

als Grundfunktion eines neuen dreidimensionalen Variationsproblems

$$\delta\iiint \overline{F}\left(\frac{\partial\psi}{\partial x^\alpha}, \frac{\partial\chi}{\partial x^\alpha}; \psi, \chi; x^\alpha\right) d x^1 d x^2 d x^3 = 0 \tag{7.2}$$

bei gegebenen Randwerten und sehen: der zugehörige Tensor

$$\overline{U}^\beta_\alpha = \overline{F}\,\delta^\beta_\alpha - p^{l'}_\alpha \overline{\pi}^\beta_{l'}, \quad \pi^\beta_{l'} = \overline{F}_{p^{l'}_\beta} \tag{7.3}$$

ist der richtige Energie-Impulstensor (2.8) $\overline{U}^\beta_\alpha \doteq \mathfrak{p}\,\delta^\beta_\alpha + \rho\, u'_\alpha u^\beta = U^\beta_\alpha$ der Hydrodynamik. Der explizite Nachweis verläuft so:

Die Lagrange'sche Funktion $\widetilde{F} = g + g_i\,\omega^2$ hat bei festgehaltenen $b^{l'}$ das Differential

$$d\,\widetilde{F} = (g_i + g_{ii}\,\omega^2)\,d\,i + g_i \cdot 2\,\omega\, d\omega \tag{7.4}$$

oder wegen (5.5) $di = di_0 - \omega\, d\omega$

$$d\widetilde{F} = g_i\, di_0 + g_{ii}\,\omega^2\, di + g_i\,\omega\, d\omega\,. \tag{7.5}$$

Nun folgt aus (6.5)

$$\begin{aligned} g_i^2\,\omega^2 = \overline{\omega}^2 &\equiv \sum_{(\alpha\,\beta)} \left(\frac{\partial\psi}{\partial x^\alpha}\frac{\partial\chi}{\partial x^\beta} - \frac{\partial\psi}{\partial x^\beta}\frac{\partial\chi}{\partial x^\alpha}\right)^2 \\ &= \sum_\alpha \left(\frac{\partial\psi}{\partial x^\alpha}\right)^2 \sum_\beta \left(\frac{\partial\chi}{\partial x^\beta}\right)^2 - \left(\sum_\gamma \frac{\partial\psi}{\partial x^\gamma}\frac{\partial\chi}{\partial x^\gamma}\right)^2, \end{aligned} \tag{7.6}$$

in leicht verständlicher Abkürzung

$$\overline{\omega}^2 = (p^2_\alpha)^2\,(p^3_\beta)^2 - (p^2_\gamma\, p^3_\gamma)^2\,; \tag{7.7}$$

somit differenziert

$$\begin{aligned} g_i\, g_{ii}\,\omega^2\, di + g_i^2\,\omega\, d\omega &= (p^3_\beta)^2\, p^2_\alpha\, dp^2_\alpha - (p^2_\beta\, p^3_\beta)\, p^3_\alpha\, dp^2_\alpha \\ &\quad + (p^2_\beta)^2\, p^3_\alpha\, dp^3_\alpha - (p^2_\beta\, p^3_\beta)\, p^2_\alpha\, dp^3_\alpha \\ &= \sum_{\alpha,\beta} (p^2_\alpha\, p^3_\beta - p^2_\beta\, p^3_\alpha)\,(p^3_\beta\, dp^2_\alpha - p^2_\beta\, dp^3_\alpha) = \sum_{\alpha,\beta} \end{aligned} \tag{7.8}$$

also wird

$$\begin{aligned} d\,\widetilde{F} = \rho\, di_0 + \frac{1}{\rho}\sum_{\alpha,\beta} &= \rho\, di_0 + dp^2_1\,(p^3_2\, u_3 - p^3_3\, u_2) + + \\ &\quad - dp^3_1\,(p^2_2\, u_3 - p^2_3\, u_2) + +\,; \end{aligned} \tag{7,9}$$

Im ganzen sind die Impulse

$$(7.10)\qquad \bar{\pi}_2^\gamma = \bar{F}_{p_\gamma^2} = p_\alpha^3 u'_\beta - p_\beta^3 u'_\alpha \qquad \bar{\pi}_3^\gamma = \bar{F}_{p_\gamma^3} = -(p_\alpha^2 u'_\beta - p_\beta^2 u'_\alpha)$$

und für $\alpha\ \beta\ \gamma \sim 1\ 2\ 3$

$$(7.11)\qquad \bar{U}_\beta^\gamma = -p_\beta^{l'} \bar{\pi}_{l'}^\gamma = \rho u^\gamma u'_\beta = U_\beta^\gamma,$$

$$\bar{U}_\gamma^\gamma = \bar{F} - p_\gamma^{l'} \bar{\pi}_{l'}^\gamma = \mathfrak{p} + \rho \Sigma u'_\gamma u^\gamma - \rho u'_\beta u^\beta - \rho u'_\alpha u^\alpha$$

$$= \mathfrak{p} + \rho u'_\gamma u^\gamma = U_\gamma^\gamma .$$

Da somit der richtige Energie-Impulstensor herauskommt, vermöge des Ansatzes (6.5) die Kontinuitätsgleichung (5.2) identisch erfüllt ist und wegen (7.9), (3,8)

$$(7.12)\qquad \bar{F}_{x^\alpha} = \rho \frac{\partial i_0}{\partial x^\alpha} + \rho\,\omega_{\alpha\gamma} u^\gamma = -\rho \frac{\partial \mathfrak{U}}{\partial x^\alpha} - \rho\,\omega_{\gamma\alpha} u^\gamma = \rho X_\alpha - \rho\,\omega_{\gamma\alpha} u^\gamma,$$

liefert das Variationsprinzip (7.2) die drei Euler'schen Gleichungen der Hydrodynamik für die Unbekannten $(\psi^{l'}) = (\psi, \chi)$. Es sind aus denselben Gründen wie oben in Nr. 3 nur zwei unabhängige Gleichungen, die dritte ist eine Folge von ihnen.

FSC
www.fsc.org
MIX
Papier | Fördert gute Waldnutzung
FSC® C083411

Zeitfracht Medien GmbH
Ferdinand-Jühlke-Straße 7
99095 Erfurt, Deutschland
produktsicherheit@kolibri360.de